BEI GRIN MACHT SICH IHR WISSEN BEZAHLT

- Wir veröffentlichen Ihre Hausarbeit,
  Bachelor- und Masterarbeit

- Ihr eigenes eBook und Buch -
  weltweit in allen wichtigen Shops

- Verdienen Sie an jedem Verkauf

Jetzt bei www.GRIN.com hochladen und kostenlos publizieren

Stephan Drescher

Biodiversität. Ein Überblick

GRIN Verlag

Bibliografische Information der Deutschen Nationalbibliothek:

Die Deutsche Bibliothek verzeichnet diese Publikation in der Deutschen National-
bibliografie; detaillierte bibliografische Daten sind im Internet über http://dnb.d-
nb.de/ abrufbar.

Impressum:

Copyright © 2007 GRIN Verlag GmbH
Druck und Bindung: Books on Demand GmbH, Norderstedt Germany
ISBN: 978-3-656-84220-0

Dieses Buch bei GRIN:

http://www.grin.com/de/e-book/284112/biodiversitaet-ein-ueberblick

Biodiversität

-ein Überblick-

Seminar: Ausgewählte Themen aus dem Biologieunterricht WS 07
Pädagogische Hochschule Karlsruhe

Karlsruhe, Dezember 2007

Inhaltsverzeichnis:

1.Biodiversität – ein Überblick

Rund 3,5 Milliarden Jahre hat die Welt dem Leben Zeit gegeben, um sich von einfachsten molekularen Strukturen und primitiveren Kleinstlebewesen zu einer unglaublichen Vielzahl von Lebewesen zu entwickeln, welche heute die Erde bevölkern. Wir leben nun in einer Zeit, die von rasantem Fortschritt in allen möglichen Bereichen gekennzeichnet ist, der Mensch hat angefangen das All zu erobern und doch kann man keine einige Aussage darüber treffen, wie hoch die Artenzahl auf unserem Planeten ist. Schätzungen liegen zwischen 10 bis 100 Millionen Arten (E.O. Wilson, 1992; Klaus, Schmill, Schmid, Edwards, 2001) von denen aktuell rund 1,75 Millionen beschrieben sind (Stand 2004: UNEP (United Nations Environment Programme). Dieser extrem weiträumige Unterschied geht aus Hochrechnungen hervor, die bereits in den 80er Jahren von mehreren Tropenbiologen gemacht wurden, darunter Terry Erwin, welcher im Kronendach einer einzigen Baumart 163 spezialisierte Käferarten entdeckte und daraufhin eine Umrechnung auf die ungefähr 50.000 vorkommenden tropischen Baumarten anstellte. (E.O. Wilson, 1992; Klaus, Schmill, Schmid, Edwards, 2001; Engelhardt, 1997) Die genaue Artzahl zu benennen scheint nicht möglich zu sein und es ist trotz Schätzungen und Hochrechnungen wohl so, dass „ wir die wahre Anzahl der Arten auf der Erde bemerkenswerter Weise nicht einmal auf eine Zehnerpotenz genau kennen." (Wilson, 1992)

Doch wie unvorstellbar hoch die Zahlen der noch nicht beschriebenen Arten auch sein mag, umso ernüchternder sind andere Zahlen: „ Nach Angaben der UNEP (United Nations Environment Programme) sterben zurzeit täglich durchschnittlich 135 Tier- und Pflanzenarten aus. Allein in Europa sind nach einem Bericht der EU-Kommission 42% der Vogelarten und 52% der Süßwasserfische bedroht. Viele Arten sterben aus, bevor sie überhaupt entdeckt wurden." (Mertz 2006, S.96)

„ An der Wende ins dritte Jahrtausend beansprucht die gesamte Menschheit ungefähr die Hälfte der weltweiten Primärproduktion aller Pflanzen. Dieser gigantische Ressourcenverbrauch durch nur eine einzige Art geht auf Kosten der „restlichen" rund 10 – 100 Mio. Arten. Langfristig steht aber auch die Entwicklung der Menschheit und ihrer kulturellen und wirtschaftlichen Errungenschaften selbst auf dem Spiel." (Klaus, Schmill, Schmid, Edwards, 2001, S.3)

Große Massensterben hat es in der Weltgeschichte schon mindestens fünf Mal gegeben, das geläufigste Beispiel sind die Saurier, die vor ca. 65 Mio. Jahren verschwanden (Klaus, Schmill, Schmid, Edwards, 2001). Aussterben ist also auch ein natürlicher Vorgang und wahrscheinlich sind schon 99% aller jemals vorgekommenen Arten bereits ausgestorben. (Engelhardt, 1997) Es scheint allerdings das erste Mal in der Weltgeschichte so zu sein, dass ein einzelner Organismus (Mensch) in hohem Maße zu einem neuen Massensterben beiträgt, ja sogar dafür verantwortlich ist. So sterben derzeit vergleichsweise mehr Organismen in kürzerer Zeit aus, als je zuvor (Wilson 1992). Die größte Bedrohung von Arten geht vom Menschen aus und ergibt sich durch die „Nutzung, Umwandlung, Fragmentierung (vgl. Klaus, Schmill, Schmid, Edwards, 2001, S.53) ganzer Lebensräume" (Mertz 2006, Wilson 1992) Kurz, es gibt immer mehr Menschen, welche ansteigend Lebensraum und Ressourcen für sich beanspruchen. Allerdings darf die Bedeutung invasiver Arten als Bedrohung biologischer Vielfalt nicht außer Acht gelassen werden. (Mertz 2006)

2. Begriff „Biodiversität"

Spätestens seit der Biodiversitätskonvention von Rio de Janeiro (1992), ist der Begriff „*Biodiversity – Biodiversität*", welcher von Dr. W.G. Rosen 1985 auf einem ersten großen Kongress zum Thema „Nationales Forum zur Biodiversität" (Washington D.C.) begründet wurde (Wilson, 1992; http://bch-cbd.naturalsciences.be/belgium/glossary/glos_b.htm 7.12.2007) international und für die breite Masse ein brisantes Thema geworden, der meist automatisch mit „ bedrohte Artenvielfalt und Aussterben" in Verbindung gebracht wird.

Ziel der Konvention ist die „ Erforschung der Vielfalt, deren Schutz und nachhaltige Nutzung sowie eine gerechte Verteilung der aus ihr gezogenen Gewinne." (Klaus, Schmill, Schmid, Edwards, 2001, S.91) Die 170 Länder, welche die Konvention unterzeichneten, bzw. ratifizierten, verpflichten sich unter anderem dazu:

- die biologische Vielfalt zu überwachen
- Gesetze zum Schutz gefährdeter Arten zu erlassen und Schutzgebiete zu schaffen
- Den Menschen mit Unterstützung der Medien und mit Hilfe von Aufklärungsprogrammen zu zeigen, wie wichtig die biologische Vielfalt ist. (Klaus, Schmill, Schmid, Edwards, 2001, S.91)

Doch welche Rolle spielt Biodiversität für den Menschen? Brauchen wir überhaupt Biodiversität, oder, ohne provozieren zu wollen, welchen Einfluss hat das Aussterben des Blauwals auf den Menschen?

Der Wert der Biologischen Vielfalt wird sehr hoch eingeschätzt, so kann man sagen, dass genetische Vielfalt gleichzeitig Motor und Treibstoff der Evolution darstellt. Arten benötigen „genetische Vielfalt, um Krankheiten zu widerstehen und sich an Veränderungen ihrer Umwelt anpassen zu können." (Klaus, Schmill, Schmid, Edwards, 2001, S.10) Doch auch die Bedeutung der Arten in den jeweiligen Ökosystemen als deren Bausteine, die netzartig miteinander verflochten sind und sozusagen die Stabilität der Ökosysteme herstellen „weil komplexere Lebensgemeinschaften flexibler reagieren können, als einfache" (Merz 2006) ist zum großen Teil noch gar nicht erforscht. Biodiversität hat auch eine hohe wirtschaftliche Bedeutung, wenn man allein an Kulturpflanzen, Nutztiere, Arzneien oder Genbanken denkt. (Engelhardt 1997; Merz 2006)

Wie aus obiger Ausführung schon ersichtlich wird, beschränkt sich der Begriff „Biodiversität" nicht nur auf Artenvielfalt, sondern er umschreibt **die Mannigfaltigkeit der Lebensformen, ihre verschiedenen ökologischen Rollen und ihre genetische Vielfalt."** (Wilson 1992, S.90)

2.1. Biodiversität – Vielfalt der Arten

Beachtlich ist die Verteilung der Artenvielfalt an sogenannten „hot spots": Lebensräume bzw. Ökosysteme mit einem sehr hohen Artanteil, wo wir die größte Fülle vorkommender Arten finden. So leben auf ca. 2% Erdoberfläche, z.B. im tropischen Regenwald, die Hälfte aller bisher beschriebenen Arten. (Mertz 2006).

Wirklich gut beschrieben und erforscht sind nur höhere Pflanzen und Wirbeltiere, wobei Insekten, darunter Käfer, die größte und gleichzeitig auch noch unerforschteste Gruppe darstellen. Doch auch gerade bei Kleinstorganismen, wie Bakterien oder Fadenwürmern erwarten Forscher bei sorgfältiger Untersuchung noch eine hohe Zahl nicht bekannter Arten.(Engelhardt 1997)

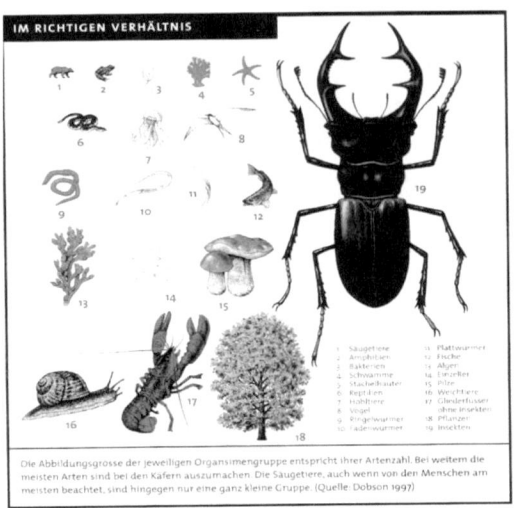

(Klaus, Schmill, Schmid, Edwards, 2001, S.12)

2.2 Biodiversität – Vielfalt der Gene

Auf die Wichtigkeit und Bedeutung der genetischen Vielfalt, wurde bereits im oberen Abschnitt eingegangen, ich möchte jedoch noch verdeutlichen, welche Probleme mangelnde genetische Vielfalt mit sich bringt. Dazu kurz zwei Begriffsklärungen;

Definition Art / Population:

Unter einer Art versteht man die Gesamtheit der – meist morphologisch ähnlichen – Individuen einer oder mehrerer Populationen, die sich prinzipiell untereinander fortpflanzen können, sich jedoch – unter natürlichen Verhältnissen – nicht mit Individuen einer Art paaren.

Als Population bezeichnet man in der Biologie die Gesamtheit der Individuen einer Art innerhalb eines Gebietes, in dem aus räumlichen Gründen eine ungehinderte Paarung möglich ist. Die Individuen einer bestimmten Population haben einen gemeinsamen Genvorrat (Genpool) (Engelhardt 1997)

Es ist einleuchtend, dass eine Population mit einer hohen Individuenzahl, bzw. eine Art mit einer hohen Populationszahl, über einen größeren Genpool verfügt, als eine Art mit geringer

Individuen- bzw. Populationszahl. Das bedeutet ein genetischer Austausch, der zu mehr Anpassungsvermögen führt und Weiterentwicklung ermöglicht, ist bei verringerter Individuenzahl erschwert, führt zu Problemen bei der Fortpflanzung (Inzest) und kann, trotz noch vorhandener Individuen zum Aussterben führen.(Engelhardt 1997; Wilson 1992)

Es gibt eine Vielzahl verdeutlichender, gut dokumentierter Beispiele, wie die Wandertaube (*Ectopistes migratorius*), oder das Quagga (*Equus quagga*), ich möchte jedoch anhand des Bisons mangelnde genetische Vielfalt verdeutlichen. Um 1700 gab es in Nordamerika schätzungsweise bis zu 80 Mio. Bisons (*Bison bison*), welche in riesigen Herden die Grassteppen abweideten. Unter einem gewissen Vorwand, den Indianern ihre Lebensgrundlage zu entziehen, wurden bis ca. 1890 die Tiere bis auf ein paar dutzend reduziert(Engelhardt 1997). Nach Schutzmaßnahmen beträgt der heutige Bestand wieder um etwa 80.000 Individuen, verteilt auf 7 Populationen in Nordamerika (s. Abb.7). Die Tiere wurden nicht völlig ausgerottet, mussten aber einen großen Teil ihres Genpools einbüßen.

Abb. 7: Ursprüngliches Verbreitungsgebiet des Bisons und größere heutige Vorkommen

(Engelhardt 1997,S.92)

2.3 Vielfalt der Ökosysteme / Lebensräume

Artenvielfalt, wie auch genetische Vielfalt, hängt mit der Vielfalt der Lebensräume zusammen, ist doch die größte Bedrohung der Arten „die Nutzung, Umwandlung, Fragmentierung und schließlich Vernichtung ganzer Lebensräume" (Mertz 2006; Wilson 1992) So stellen spezielle Biotope wie der Regenwald, oder das Australische Great Barrier Reef eine besondere Schutz - Herausforderung dar, da ihre Bedeutung im Zusammenhang mit dem Klima und dem großen Ökosystem Meer ohne Vergleich sind und gleichzeitig noch wenig erforscht. Doch der Begriff „Lebensräume" umschließt nicht nur diese „Wiegen des Lebens", sondern auch unsere Biotope vor der Haustür, wie Wald, Wiese, Bach und Tümpel, welche einer großen Anzahl Lebewesen Lebensraum bieten und genauso schützenswert sind.

3. Biodiversität in der Schule – Bewusstsein schaffen

„Der Landesjagdverband Hessen beklagt, dass Kinder am Ende der Grundschulzeit doppelt so viele Automarken wie wildwachsende Pflanzenarten beim Namen nennen können."(Helmut Schreier, Universität Hamburg in; Mayer 1995, S.21)

Dieses bereits über zehn Jahre alte Zitat, bei welchem man heute das Wort „ Automarken " wohl problemlos mit „ Pokemons " ersetzen könnte, hat wohl nicht an Gültigkeit verloren.

Bereits in den 80er Jahren wurde eine Befragung an Lehrern, Wissenschaftlern, Didaktikern und Erziehungswissenschaftlern durchgeführt, bei welcher unter anderem befragt wurde wie sich Formenkenntnis im Unterricht begründen ließe. Man muss anmerken, dass es vielleicht verständlich erscheint, dass sich Kinder eher für Autos oder Phantasiefiguren interessieren, als für die rein formenkundliche Unterscheidung der verschiedenen Ahornarten. Doch Biodiversität im Biologieunterricht beinhaltet mehr, als „nur" formenkundliche „Ausbildung" (dazu Mayer 1995, Kashef 2007)

Die Ergebnisse der Delphi Befragung (sh. Abb.Tab.) geben gleichermaßen eine Zusammenfassung des gesagten und verdeutlichen, warum es wichtig ist ein Bewusstsein für Biodiversität – die Vielfalt des Lebens, zu schaffen.

1.01 steigert die individuelle Lebensqualität				
1.02 trägt zu einem aufgeklärten Natur-verständnis bei				
1.03 fördert eine rationales Verhältnis gegenüber Lebewesen				
1.04 schult allgemein bedeutsame formale Fähigkeiten				
1.05 schützt vor Gesundheitsgefährdung durch Lebewesen				
1.06 entspricht den Interessen der Lernenden				
1.07 erleichtert den Lernenden das Verstehen anderer Themen des Biologieunterrichts				
1.08 qualifiziert als Allgemeinbildung für die Kommunikation über Natur				
1.09 qualifiziert für die Wahrnehmung politischer Mitverantwortung				
1.10 qualifiziert für den Lebensbereich Haushalt/Ernährung/Gesundheit				
1.11 qualifiziert für die Gestaltung der Freizeit				
1.12 trägt zu einem Verständnis der Wissen-schaft Biologie bei				
1.13 trägt zu einem emotionalen Bezug zur Natur und ihrer Wertschätzung bei				
1.14 trägt zur Bewältigung der Umweltprobleme bei				
1.15 trägt zum Schutz bedrohter Lebewesen bei				

Abb. 3 Kategorienhäufigkeit in der ersten (helle Balken) und zweiten Runde (dunkle Balken) zu der Frage 1: Wie läßt sich die Vermittlung formenkundlicher Inhalte begründen?

(Mayer 1995, Abb.3)

Formenkunde im Biologieunterricht – Ergebnisse:

- trägt zu einem aufgeklärten Naturverständnis bei
- trägt zu einem emotionalen Bezug zur Natur und ihrer Wertschätzung bei
- trägt zur Bewältigung der Umweltprobleme bei
- trägt zum Schutz bedrohter Lebewesen bei

9

4.Literatur:

Mayer J., (1995); Vielfalt begreifen – Wege zur Formenkunde, IPN Kiel

Engelhardt W., (1997); Das Ende der Artenvielfalt - Aussterben und Ausrottung von Tieren, Wissenschaftliche Buchgesellschaft

Klaus G., Schmill J., Schmid B., Edwards P., (2001); Biologische Vielfalt - Perspektiven für das neue Jahrhundert, Birkhäuser Verlag

Mertz T., (2006); Schnellkurs Ökologie, Dumont

Wilson E.O., (1992); Ende der Biologischen Vielfalt? – Der Verlust an Arten, Genen und Lebensräumen und die Chancen für eine Umkehr

http://www.wri.org/ecosystems/# 7.12.07

http://www.ipsnews.net/new_focus/biodiversity/index.asp 7.12.07

http://www.biodiv-chm.de/ 7.12.07

http://www.cbd.int/default.shtml 7.12.07

http://www.biodiversityhotspots.org/Pages/default.aspx 7.12.07